# ACADÉMIE
# NTER-NATIONALE DES SCIENCES

ARTS

ET

MANUFACTURES

CHIMIE

PHYSIQUE

MINÉRALOGIE

## F.-C.-M. CANDELOT, CHIMISTE

### FONDATEUR - RÉGENT

## PARIS

ANCIENNE MAISON BÉNARD ET COMPAGNIE
POITEVIN, SERINGE ET Cie, Srs
PLACE ET PASSAGE DU CAIRE, 2



1860

# ACADÉMIE INTER-NATIONALE

# DES SCIENCES

APPLIQUÉES AUX ARTS ET MANUFACTURES

## CHIMIE, PHYSIQUE ET MINÉRALOGIE

---

## CONSTITUTION DE L'ACADÉMIE INTER-NATIONALE

## TITRE PREMIER.

### CHAPITRE Ier.

#### BUT DE LA SOCIÉTÉ.

Opérer la réunion de toutes les sociétés de sciences mathématiques, à quelque nation qu'elles appartiennent; rechercher les auteurs de découvertes intéressantes, de quelque nature qu'elles soient, dans les arts et dans l'industrie; les appeler, les patroner, les encourager, leur fournir les moyens de mener à utile fin des entreprises que le défaut d'aide et de protection peut faire avorter; forcer la foule, indifférente d'ordinaire, à se retourner à notre appel, à écouter l'explication que lui donneront les inventeurs qui auront arraché des secrets aux résistances de l'implacable Nature, et à enrichir ainsi ceux qui l'auront enrichie : tel est le but de l'Académie inter-nationale des sciences.

# CHAPITRE II.

### MOYENS D'ACTION DE LA SOCIÉTÉ.

La Société étant constituée, l'initiative de toutes les mesures nécessaires à la sécurité et à la moralité de cette association étant prise, restent les moyens d'action à employer pour l'asseoir sur des bases sérieuses et inébranlables.

Il y en a deux :

Le premier est la création d'un journal qui, adressé chaque semaine à un public nombreux et à chacun des sociétaires de l'Académie internationale des Sciences, sera l'organe des inventeurs et le propagateur de leurs inventions, et servira en outre de lien indispensable, de trait d'union nécessaire entre tous les savants et industriels du monde entier.

Le second moyen d'action, après la création de ce vaste recueil encyclopédique, c'est la distribution de récompenses destinées à solenniser d'abord l'association, et, ensuite, à être un sujet d'émulation pour tous ses membres et pour le public.

## § I<sup>er</sup>.

Ces récompenses, qui peuvent être décernées à des personnes étrangères à la Société, consistent en :

    1° Mentions honorables,

    2° Médailles de bronze,

    3°   Id.   d'argent,

    4°   Id.   d'or,

en suivant une progression de mérite et d'utilité.

Chacune de ces médailles porte, sur sa face, Galilée assis, entouré de tous les attributs des sciences et méditant sur le monde ; Minerve, déesse des arts et des sciences, couronne le martyr du génie, accompagnée de la Justice qui vient sanctionner ce choix.

Il y a aussi une cinquième récompense, la grande récompense académique. Celle-ci, qui ne sera décernée que dans les circonstances exceptionnelles, et avec la solennité qu'elle comporte, consiste en une médaille d'un grand module. Les tympans en seront semblables à ceux des précédentes médailles : seulement, comme celle-ci, plus spéciale, est destinée à symboliser, pour ainsi dire, l'inter-nationalité, elle portera en couronne, immédiatement au-dessous des armes de l'Empire français, les écussons de toutes les nations du globe (1). Dans le bas, en légende se lira cette inscription : *Perseverantiæ fructus*, et, immédiatement au-dessous, la phrase prononcée par Galilée après sa condamnation par l'Inquisition : *E pur si muove*. Sur le revers, au sommet, sera figuré un soleil répandant ses rayons sur le monde. La couronne antique remplacera là les écussons de toutes nations. Le tympan figurera la sphère, et l'équateur servira de cartouche à cette inscription : Les Nations a..... (les nom et prénoms du lauréat de l'Académie). Le titre de l'Académie inter-nationale se lira en exergue autour de la sphère, et, sur le rinceau du bas, sera écrit le nom du fondateur, F.-C.-M. CANDELOT, *chimiste*.

Cette récompense, la plus importante de toutes, ne pourra être votée qu'en grandes assemblées de congrès dans lesquelles un certain nombre de nations auront leurs représentants, et il n'appartiendra qu'à ces comités inter-nationaux, ou au Fondateur régent, de prendre l'initiative pour cette circonstance tout exceptionnelle.

---

(1) Les armes impériales de France, surmontant la grande médaille d'honneur, seront remplacées, selon la volonté du Grand-Maître de l'Ordre de chaque comité correspondant, par celles de sa nation en particulier, concernant spécialement les récompenses données dans sa résidence propre.

## § II.

L'Académie, pour arriver plus efficacement à organiser l'encouragement pécuniaire envers ceux des inventeurs dont la fortune serait insuffisante pour la mise en œuvre de leurs découvertes, reçoit, en outre de la cotisation dont il sera parlé ci-après, tous les dons qu'on voudra bien lui faire, et qui seront convertis immédiatement en rentes pour parer aux éventualités dont il vient d'être question.

# TITRE II.

## CHAPITRE III.

### COMPOSITION ET CONDITIONS.

ARTICLE PREMIER. — Le nombre des membres de l'Académie internationale des Sciences est illimité. Quiconque réunit les deux qualités obligatoires, la moralité et le talent, est digne d'en faire partie.

ART. 2. — Ainsi que l'indique clairement son titre, toutes les nations sont appelées à fournir des membres à cette Académie.

ART. 3. — L'Académie inter-nationale des Sciences se composera de trois catégories de membres, à savoir : les *membres simples*, les *officiers* et les *grands officiers*.

ART. 4. — Sera de droit officier, out membre ayant reçu la médaille d'or, et grand officier, tout membre qui aura reçu la grande médaille d'honneur.

ART. 5. — La couleur d'un ruban (pris suivant les couleurs nationales de chaque résidence), portant brodées : une seule palme (laurier) pour les simples membres, deux palmes croisées (chêne et laurier) pour les officiers, et une rosette en ruban de la même couleur, placée entre les

deux palmes pour les grands-officiers, indiquera la nature et le grade
du dignitaire qui portera ce ruban à la boutonnière.

Art. 6. — Les membres de l'Académie, outre les trois catégories précitées, se divisent encore en *membres titulaires* et en *membres honoraires*,
parmi lesquels sont choisis les fonctionnaires d'honneur, tels que : présidents, vice-présidents et secrétaires d'honneur.

Art. 7. — Les membres honoraires sont tous grands-officiers.

Art. 8. — Trois bandes sur la rosette indiqueront les présidents d'honneur; deux bandes les vice-présidents, et une seule bande les secrétaires.

Tous ces insignes, attachés à la boutonnière avant l'entrée dans la
salle des réunions, serviront de carte d'introduction.

Art. 9. — Tous les membres honoraires et fonctionnaires d'honneur,
invités par les soins du Directeur général, ou sur la proposition des di-
vers présidents, sont choisis parmi les sommités intellectuelles ayant,
par leur position sociale, leurs travaux ou leurs découvertes, le plus
contribué, en leur pays, aux progrès des arts et manufactures.

Art. 10, — Les notabilités qui auront reçu, soit de leur gouverne-
ment, soit du suffrage de leurs concitoyens, une distinction honorifique
quelconque, pourront faire partie de l'Académie, et leur adhésion aux
présents Statuts sera sollicitée par le Directeur général.

Art. 11. — Enfin, un *Grand Maître* de l'Ordre est sollicité par
nation. Il portera autour du cou, attaché à un ruban de la largeur de
la main, aux couleurs de sa nation, un insigne composé d'une série
de rayons d'or, sur lesquels une sphère en argent, et, sur cette sphère,
entourée elle-même d'une couronne en or sur fond d'argent, une abeille
d'or montée en diamants.

Ces Grands-Maîtres sont invités parmi les hautes sommités dont la
haute protection peut le plus contribuer aux progrès de l'esprit humain.

Par exception, ces grands fonctionnaires de l'Académie ont le droit de transmission de leur dignité. De plus, ces grands dignitaires pourront se faire représenter à chaque séance.

Parmi les membres titulaires, c'est-à-dire sociétaires, l'Académie, à la majorité des suffrages et au scrutin secret, se choisira trois *référendaires* par nation.

Ces trois référendaires aux comptes seront chargés de la surveillance à la comptabilité et des présentations des rapports sur les comptes de fin d'année.

Ils feront fonctions de secrétaires généraux aux séances annuelles consacrées aux redditions des comptes, et seront présidents des trois commissions dont il est parlé ci-après.

Enfin, il y aura les *référendaires consulaires*, choisis aussi parmi les titulaires, et qui seront spécialement chargés de la préparation des séances et des rapports sur les différends, les démissions, les exclusions, les radiations et les cas de dissolution.

Les membres honoraires et autres fonctionnaires d'honneur sont exempts de toutes charges.

Une cotisation annuelle de trente francs sera exigible dans les trois premiers mois de l'admission pour les membres que l'Académie aura invités à devenir sociétaires.

Cette même cotisation devra suivre la demande d'admission lorsque le candidat sollicitera lui-même sa réception à l'Académie.

Lorsque l'Académie aura fonctionné pendant deux années, c'est-à-dire lorsque tous les Comités inter-nationaux auront eu le temps de se former et auront leur jeu régulier, pour s'éviter à tout jamais les questions d'argent, chaque sociétaire aura la faculté de se libérer par une cotisation à vie.

Cette cotisation est fixée à trois cents francs et donne un droit personnel à la réception du journal *l'Inter-national* pendant toute la durée de la Société.

L'Académie inter-nationale, pour reconnaître dès son début le dé-vouement complet, absolu, apporté à sa formation par *M. Fulgence Charles-Martin* CANDELOT, et les sacrifices de tout genre qu'il a dû faire en vue de cette importante association, le nomme, par ces présents Statuts, vice-président et régent perpétuel.

En cette qualité, il a voix délibérative dans toutes les résidences, dans tous les comités correspondants et dans toutes les réunions de classes. Comme directeur général, il sera spécialement chargé de l'administration des recettes et des dépenses de l'Académie centrale de Paris et du contrôle des dépenses et recettes de chaque chef-lieu académique et des comités correspondants. Il sera, pour l'administration centrale, l'agent responsable envers l'autorité et envers les tiers.

Un administrateur, désigné dans chaque résidence et dans chaque comité correspondant, aura également les prérogatives et les charges susénoncées auprès de l'autorité et du public.

Pour faire partie de l'Académie, il faut :

1° Adresser *franco*, à la Direction générale, à Paris, une demande signée de la main du candidat et de celle de ses deux parrains.

Cette demande devra contenir les nom, prénoms, domicile, date et lieu de naissance du candidat, et l'exposé sommaire de ses titres à la protection de l'Académie, ainsi que son adhésion provisoire à ses statuts.

2° S'être fait présenter dans une des séances de sa résidence par deux membres qui signeront entre les mains du Président la demande d'admission.

Le comité auquel le candidat aura été proposé dressera un procès-verbal de ses motifs d'acceptation ou de refus, procès-verbal dont le secrétariat général de Paris devra immédiatement recevoir copie.

Alors, en cas de non-empêchement par la Direction générale, le candidat, en la plus prochaine séance, signera l'acte définitif contenant les statuts entiers de la Société et portant le grand sceau de l'Académie.

Enregistrement devra être pris de cet acte sur un registre déposé à cet effet aux archives particulières de chaque résidence; mais l'acte d'adhésion lui-même devra être adressé au secrétariat général pour être déposé aux archives générales de Paris.

Le secrétaire devra, dans les dix jours qui suivront la signature du Directeur général, avoir fait parvenir le diplôme au récipiendaire.

Le dépôt entre les mains du trésorier de sa résidence de la cotisation annuelle, plus une somme de dix francs pour frais de diplôme et d'enregistrement, devra toujours avoir précédé la demande d'admission.

Chacune des résidences de l'Académie inter-nationale se divisant en trois classes, 1° la classe de chimie; 2° celle de physique, et 3° celle de minéralogie, chaque candidat devra, dans sa demande d'admission, désigner la classe à laquelle il désire appartenir, et qui devra toujours se rapprocher le plus près possible de la spécialité de ses propres fonctions.

# TITRE III.

## CHAPITRE IV.

### ORGANISATION GÉNÉRALE ET RAPPORTS DES COMITÉS.

Paris, où s'est fondée l'Académie inter-nationale des Sciences, devient le centre naturel de l'administration générale de tous les comités de France et de tous les comités des autres nations.

Le bureau central est fixé chez M. F.-C.-M. CANDELOT, fondateur de la Société, rue de la Verrerie, 79, à Paris.

Chaque capitale devient le centre particulier des comités de l'Académie inter-nationale de la nation qu'elle représente, et prend le nom de résidence.

Chacun des membres habitants de cette capitale prend le titre de résident. Il y aura ainsi les *résidents français*, les *résidents anglais*, les *résidents autrichiens*, etc.

Chaque résidence se divise en membres résidents et membres correspondants. Les membres correspondants sont les membres nationaux éloignés de leur capitale.

Mais on dira *résidence française, résidence marocaine, résidence brésilienne*, pour désigner la réunion des comités de chacune de ces nationalités.

Toutes les résidences auront une existence propre et fonctionneront suivant un règlement particulier émanant de la direction centrale. Ce règlement changera nécessairement suivant les exigences du pays pour lequel il aura été fait.

Tout diplôme donnant titre de membre correspondant d'une résidence émanera de la direction générale de Paris.

Les membres correspondants auront le privilége de former un comité spécial dans une subdivision quelconque, quand ils seront en assez grand nombre, après avoir toutefois adressé une demande à la Direction générale de Paris, et un avis portant les motifs de leur demande à leur résidence qui, elle, adressera un rapport motivé de son opportunité à l'administration centrale.

Ces comités prendront le nom de comités correspondants de l'Académie inter-nationale des Sciences de Paris, titre dans lequel on intercalera, pour les distinguer, le nom de la nation à laquelle ils appartiennent. Ainsi on dira les *comités espagnols* de l'Académie internationale des Sciences de Paris, les *comités marocains*, les *comités russes*, etc.

Chacun de ces comités aura aussi une existence propre, un règlement spécial donné par le chef de la résidence, et signé par le Directeur général de Paris.

# TITRE IV.

## CHAPITRE V.

DROITS ET OBLIGATIONS DES RÉSIDENCES LES UNES ENVERS LES AUTRES, — DES COMITÉS CORRESPONDANTS ENVERS LEUR CHEF-LIEU ACADÉMIQUE, — ET DE LA RÉSIDENCE CENTRALE DE PARIS ENVERS TOUS LES SOCIÉTAIRES.

L'administration veille au maintien général des présents Statuts, et, à cet effet, elle a toujours le droit, en cas d'urgence, de demander une réunion extraordinaire. La résidence aura les mêmes droits envers ses comités correspondants, après avoir toutefois demandé la convocation au Directeur régent, en indiquant les motifs de sa requête.

L'administration centrale de Paris fournit le local nécessaire aux grandes assemblées inter-nationales, ainsi qu'aux bureaux, aux archives, etc. Elle veille à la rédaction, à l'impression et à l'envoi de son journal hebdomadaire l'*Inter-national*, qu'elle fait parvenir individuellement *franco* à tous les sociétaires de France, et, en paquets, à chaque chef-lieu de résidence qui, à son tour, l'expédie individuellement à chacun de ses membres.

Tous rapports ou dépôts faits à l'Académie devront être en double, de façon que la résidence à laquelle ils auraient été adressés, puisse en garder un exemplaire. Dans le cas contraire, l'exemplaire unique déposé devra être expédié au Directeur général de Paris, pour que le journal puisse en rendre compte, s'il y a lieu, et qu'il soit déposé aux archives générales.

L'organe de l'Académie en accusera toujours réception par un article succinct qui fera ainsi connaître le but que se propose le déposant.

L'Académie forme une bibliothèque et des collections. Les dons sont inscrits au journal, ainsi que les noms des donataires.

Elle forme aussi des archives. Elle aura donc un bibliothécaire, por-

tant en même temps le titre d'archiviste, et, au besoin, celui de trésorier chargé de dresser les inventaires des propriétés de la Société, les
catalogues des manuscrits envoyés, et la comptabilité de la Société.

Jusqu'à formation parfaite de la Société, ces diverses fonctions rentré-
ront naturellement dans le cadre général des attributions du Directeur
régent.

La Société, se proposant de faire des échanges, tâchera toujours que
ces échanges aient lieu en double; mais, dans le cas d'impossibilité, la
règle précédente serait toujours suivie, tant dans l'envoi aux archives
générales que dans l'insertion au journal.

Cet article s'applique également à tous les comités correspondants
qui, eux aussi, devront toujours faire leur possible pour déposer un
exemplaire à leur chef-lieu de résidence.

Chaque résidence, comme chaque comité correspondant, sera tenu
de fournir le local nécessaire à ses réunions et administration, et de
fournir à ses dépenses administratives.

Toutes ces dépenses devront être couvertes par le montant des cotisations annuelles, frais d'enregistrement, etc. Mais, comme l'administration centrale, par sa correspondance, ses rapports, son journal, etc.,
aura à elle seule autant de frais que bientôt toutes les résidences réu-
nies, et que les dépenses des chefs-lieux de résidence seront bien plus
fortes que celles des comités correspondants, voici la part afférente des
cotisations :

Le trésorier général qui percevra les fonds gardera intégralement
entre ses mains les cotisations provenant de Paris, et percevra le cinquième sur celles des comités correspondants de France.

Pour les cotisations des comités correspondants de résidence, dix francs
seront réservés pour le comité lui-même, cinq francs seront versés au
chef-lieu de résidence, enfin quinze francs seront envoyés au trésorier
général.

Pour celles des résidences, quinze francs seront réservés et les autres quinze francs remis au trésorier général.

La même progression existerait pour tous les dons pouvant advenir à la Société, c'est-à-dire que, pour Paris, les rentes des dons, à moins de clause expresse du donataire, seraient perçues intégralement par le trésorier général ou par les soins du Directeur régent, et que les deux tiers lui reviendraient pour les comités correspondants de France, moitié pour les chefs-lieux de résidence, auxquels il ne reviendrait qu'un sixième, au cas où la rente proviendrait d'un comité correspondant.

---

# CHAPITRE VI

## SÉANCES.

Toutes les semaines, une résidence s'assemblera en comité général dans une capitale et aura soin de faire parvenir le procès-verbal de sa séance à la résidence qui devra s'assembler la semaine suivante, de manière que chaque séance commence toujours par la lecture du procès-verbal de l'assemblée qui l'a précédée.

Un mois avant cette assemblée générale, une autre séance générale et préparatoire devra avoir lieu (une séance du conseil devra précéder celle-ci). C'est dans cette réunion qui, immédiatement, se divisera en deux commissions, que tous les comptes de la résidence seront vérifiés et que tous les différends, tous les sujets d'exclusion, de radiation, seront jugés.

Les trois référendaires des comptes et les trois référendaires consulaires de cette résidence seront tenus d'assister à ces commissions, et l'un d'eux, dans chaque bureau, faisant office de secrétaire rapporteur, dressera un rapport sur les choses soumises à sa juridiction et le lira à l'assemblée générale.

Le nombre des membres résidents ou titulaires présents, pour que le président puisse déclarer la séance ouverte, devra être de onze.

Si, faute d'un nombre suffisant, l'assemblée se trouvait dans l'impuissance d'action, les membres correspondants présents pourraient prendre part aux travaux et aux décisions, et leur choix serait fait par les président et vice-président.

Pour parvenir à l'unité d'action et à la vie active que le Directeur régent se propose de donner à la Société, et rendre, pour ainsi dire, les relations journalières entre tous les membres, le procès-verbal de chaque séance, quelles qu'elles soient, celles du chef-lieu de résidence comme celles des comités correspondants, sera toujours envoyé le lendemain au secrétariat de Paris, qui, lui, au moyen de sa feuille périodique, en donnera connaissance gratuitement à tous les sociétaires.

Une circulaire du Directeur général affichée dans chacun des locaux indiquera postérieurement, l'ordre à suivre pour chacune de ces réunions.

Il y aura nécessairement une commission des langues, prise parmi les membres qui sont assez heureux pour en connaître deux ou plusieurs. Chacun des membres, lors de sa demande, devra faire connaître s'il parle une autre langue que sa langue natale.

La commission des langues sera permanente ; chacun des membres donnera l'heure de ses réceptions pour que le secrétaire puisse lui demander la traduction des lettres étrangères qu'il aurait reçues.

Chacune des résidences devra, autant que possible, envoyer toute sa correspondance, tous ses documents, tous ses rapports écrits en français.

Tous les sociétaires devront recevoir en outre, et huit jours à l'avance, une lettre d'invitation nominative portant l'heure et le lieu de la résidence choisies pour la séance solennelle.

Le programme de ces assemblées solennelles sera arrêté par une grande commission composée des Grands Maîtres de l'Ordre ou de ceux qui auront reçu l'honneur de les représenter.

Ces Grands-Maîtres réunis se choisiront un président.

Ce président s'adjoindra immédiatement deux secrétaires.

Ces secrétaires seront choisis parmi les grands officiers.

Tous les présidents, vice-présidents et secrétaires d'honneur, tous les présidents, vice-présidents et secrétaires titulaires seront invités par les soins du Directeur régent à venir faire partie de cette commission pour assister les Grands Maîtres.

Un rapport spécial et discuté un mois avant la réunion de la grande commission sera dressé par les soins du Président de chaque chef-lieu académique, et adressé au Directeur général de Paris.

Ce rapport donnera connaissance des Grands-Maîtres et des Grands-Officiers qui seraient dans l'intention de prêter leur concours à la rédaction du programme. Il contiendrait en outre l'énoncé succinct des désirs de l'assemblée au sujet de ce programme.

Cette grande commission s'assemblera toujours à Paris, et le lieu de ses réunions sera toujours soumis au choix du Régent et des Grands Maîtres.

Alors, le programme arrêté par cette commission sera imprimé à la diligence du Directeur général et envoyé à tous les sociétaires, ainsi qu'aux personnes invitées.

Pour toutes les autres séances générales, administratives et des classes, le programme ou ordre du jour sera dressé par chacune des résidences académiques, par le Président et le Secrétaire de chacune de ces résidences, qui devront le faire afficher vingt-quatre heures à l'avance en la salle des délibérations.

La présence à ces assemblées est facultative.

Des lettres d'invitation pourront être adressées aux personnes étrangères à la Société.

Tout membre de l'Académie inter-nationale des Sciences pourra indiquer les personnes auxquelles il juge convenable de faire parvenir cette invitation. Mais le Directeur seul pourra l'envoyer.

Ces lettres serviront de carte d'entrée.

Outre les séances précitées, les résidences se réunissent en session une fois tous les mois. Cette session peut, suivant que le juge son Président, durer trois soirées qui, alors, seront consacrées à chacune des classes : la Chimie, la Physique et la Minéralogie.

Chacune de ces classes aura un bureau particulier composé de :

Un Président,

Un Vice-Président,

Un Secrétaire,

Un Référendaire consulaire,

Un      id.        aux comptes.

La présence de ces cinq Membres seule donne le droit à ces bureaux pour entrer en séance.

Comme pour tous les autres bureaux, le Secrétaire rédige les rapports qu'il envoie au Secrétaire de sa Résidence, le Référendaire surveille les comptes, etc., et l'ordre des Séances ordinaires est appliqué après avoir été transcrit sur un registre.

Un tableau, émanant de la Direction générale de Paris, est affiché dans le lieu des réunions de chaque résidence, donne l'ordre de ces réunions de session à chaque sociétaire et le titre V donne leur organisation particulière.

Les Assemblées inter-nationales de semestre et les Assemblées générales d'année devront, autant que possible, avoir lieu le dimanche ou un jour de fête, et la séance devra ouvrir à deux heures de l'après-midi.

Celles du mois, ainsi que celles des bureaux, si les trois classes devaient sur l'autorisation du Président, se réunir chacune leur tour, toutes ces séances devront s'ouvrir à huit heures précises du soir.

Chaque Membre de l'Académie inter-nationale des sciences, à quelque nation qu'il appartienne, a toujours le droit d'assister aux séances de la ville dans laquelle il se trouve, et d'y occuper la place et le rang que lui confère son titre.

Le Fondateur directeur général de l'Académie inter-nationale des sciences est président de droit de l'Assemblée de résidence dans laquelle il se trouverait, et il a toujours voix délibérative.

Il en serait de même de chaque Président de résidence, qui de droit pourra occuper le fauteuil dans le Comité correspondant de son ressort auquel il appartiendrait.

Chacune des résidences aura un registre, préparé à cet effet, pour inscrire le nom des Membres assistant aux Séances, et le nom de chacun de ces Membres sera également porté sur les procès-verbaux.

A toutes les Séances, excepté à celle qui précède l'Assemblée générale de résidence où les référendaires aux comptes et les référendaires consulaires entrent en fonction, toutes les personnes étrangères à la Société peuvent assister, mais elles doivent toutes être présentées par un Membre qui, sur les registres, inscrira leurs noms à côté du sien.

Toutes les Séances, quelles qu'elles soient, ne commenceront jamais avant que le Président n'ait pris place au fauteuil et n'ait déclaré la Séance ouverte.

La lecture, par le Secrétaire, du procès-verbal de la réunion précédente et son adoption ouvriront toujours la Séance. Puis, le Président donnerait connaissance, s'il y avait lieu, des communications qu'il aurait reçues de l'Administration concernant les travaux de tous les Sociétaires.

Tous les trimestres, le référendaire aux comptes présentera un tableau général des recettes et des dépenses pour les résidences, et un tableau particulier des dépenses de chacune des classes.

Le référendaire consulaire soumettra immédiatement à l'Assemblée tout ce qui aurait pu survenir dans le trimestre, sur les articles de sa juridiction.

En cas de graves différends, enfin en cas d'urgence, le référendaire consulaire pourra toujours demander la parole à chaque séance et re-quiert la pénalité pour les Membres qui auraient contrevenu à l'article 5 du titre vi des présents Statuts.

L'Académie inter-nationale des Sciences vote au scrutin secret et à la majorité absolue des suffrages.

Après les rapports des référendaires, le Secrétaire donne communica-tion des demandes d'admission, fait un exposé des travaux soumis à l'Académie, donne le compteren du succinct des travaux de chaque résidence et de leurs classes, et finit par un exposé des travaux à l'ordre du jour.

Suit alors la discussion des travaux à l'ordre du jour.

La parole donnée par rang d'inscription peut toujours être retirée par le Président.

Le Président peut toujours clore ou suspendre la discussion quand il le juge convenable, ou retirer la parole quand il lui semble néces-saire.

Plusieurs Membres pourraient aussi réclamer la clôture, mais alors la majorité de l'Assemblée serait consultée.

Si, parmi les communications diverses, il en venait quelques-unes qui fussent prises en considération, elles seraient envoyées à la classe à laquelle elles se rapporteraient, et si, la majorité le jugeait convenable, plusieurs commissaires pourraient être choisis pour venir en aide à ces classes.

Viendrait ensuite les lectures ou communications des personnes étrangères à la Société,

Aucun ouvrage déjà imprimé ne peut être lu, il ne peut qu'être déposé.

Toutes les personnes, sociétaires ou non, peuvent remettre des notes au Secrétaire sur ce qu'elles ont exposé ou lu dans la séance. Ces notes, autant que possible, devront être données immédiatement pour aider à la rédaction des procès-verbaux.

La parole peut être donnée aux étrangers, mais dans le cas seulement où ils auraient préalablement effectué le dépôt de mémoires ou de modèles au secrétariat, qui aurait donné reçu. Ils ne peuvent entretenir l'Assemblée que du modèle remis.

La clôture de la séance est prononcée par le Président.

La police des Assemblées appartient toujours au Président, et si son rappel à l'ordre n'était pas suivi, ou si sa voix n'était pas écoutée, il devrait se lever du fauteuil, et dire la séance close pour dix minutes, et si au bout de cet intervalle le calme ne s'était pas rétabli, il déclarerait la clôture.

Le programme de ces Assemblées solennelles, ainsi qu'il a été dit plus haut, sera arrêté par une Commission composée des Grands Maîtres de l'Académie, assistés de douze Grands Officiers, dont six choisis parmi les fonctionnaires d'honneur et six parmi les fonctionnaires titulaires, ou à défaut de cette commission, par le Régent.

Toutes les fonctions acceptées par les sociétaires sont remplies gratuitement.

La première séance de chaque année, séance de conseil pour chacune des résidences, sera toujours consacrée au règlement des dépenses accordées pour l'exercice de l'année courante et à la rectification du compte détaillé des recettes et des dépenses de l'année.

Ces séances sont obligatoires pour MM. les Administrateurs. Ils devront, à cet effet, signer le registre des délibérations du conseil d'Administration, registre qui devra être coté et paraphé par le Directeur Régent.

L'exercice de l'année se divise en dépenses ordinaires et en dépenses extraordinaires. Les dépenses ordinaires sont celles inhérentes à toute société, c'est-à-dire : loyer, contributions, impressions, frais d'étude, d'examen, etc., etc.

Le conseil d'administration ne peut jamais voter au delà de ses recettes, pertes et non-rentrées imprévues non-comprises.

Toutes les observations relatives aux statuts, à l'administration, devront être faites par écrit. Celles concernant les statuts seront immédiatement renvoyées aux référendaires consulaires, et celles concernant l'administration aux référendaires aux comptes.

Ces fonctionnaires devront adresser leur rapport au président, qui en référera à l'assemblée la plus prochaine.

C'est à tous les officiers généraux que revient le soin de la conservation des présents Statuts constitutifs de la Société.

C'est aux présidents, vice-présidents qu'il appartient surtout d'empêcher toute décision contraire à la lettre et à l'esprit de ces Statuts en empêchant la mise en délibération de toute atteinte à la constitution de l'Académie.

C'est encore eux qui doivent veiller à l'exécution de tous les règlements.

Toutes les demandes de révision seront toujours personnelles, explicatives et motivées. Elles seront transcrites sur un registre à souche.

Aucune demande ne pourra être collective, ni le résultat de délibérations.

Dans tous les cas, il ne pourra être pourvu à la révision des Statuts qu'après dix années, à partir du jour de la constitution de la Société, et sans qu'il puisse être porté aucune atteinte à la régence perpétuelle du fondateur.

La nouvelle constitution serait alors votée par tous les chefs-lieux académiques.

# TITRE V.

## CHAPITRE VII.

# ORGANISATION PARTICULIÈRE

DE

## L'ACADÉMIE CENTRALE DE PARIS,

### DES RÉSIDENCES ET DES CLASSES.

---

## BUREAUX

### RÈGLEMENTATION ET DISPOSITIONS GÉNÉRALES.

---

Chaque résidence a pour fonctionnaires dix administrateurs, savoir :

1° Un grand maître de l'Académie, auquel on adjoindra tous les présidents et vice-présidents d'honneur, plus onze administrateurs formant un conseil, dont quatre remplacés seulement tous les ans.

2° Un président ;

3° Le vice-président général, fondateur régent ;

4° Un vice-président ;

5° Secrétaire de résidence, archiviste-trésorier ;

6° Secrétaire particulier ;

7° Trésorier ;

8° Un référendaire aux comptes ;

9° Un référendaire consulaire ;

10° Le doyen et le plus jeune des titulaires présents.

Les présidents et vice-présidents d'honneur; les présidents et vice-présidents titulaires, les secrétaires, les trésoriers et référendaires de Paris, porteront le titre de présidents et vice-présidents d'honneur *généraux*, secrétaires-trésoriers *généraux*, etc.

Tous les fonctionnaires d'honneur sont nommés à vie et ne peuvent être révoqués qu'en cas de contravention aux articles 5 du titre VI.

Tous les fonctionnaires sociétaires sont nommés à la majorité absolue des voix et au scrutin secret, et renouvelables par année; les quatre sortants sont désignés par voix du sort, le Fondateur Régent excepté. Ces derniers, un mois après leur cessation de fonctions, seront tenus de les exercer encore, jusqu'à ce que les quatre nouveaux élus soient entrés dans les leurs.

Tout fonctionnaire est indéfiniment rééligible. La même règle est applicable pour tous les bureaux dont il est parlé ci-après.

Chaque comité correspondant se composera des présidents et vice-présidents d'honneur;

    1° d'un président;
    2°     vice-président;
    3°     secrétaire trésorier;
    4°     référendaire aux comptes;
    5°     référendaire consulaire;

Assistés du doyen et du plus jeune des membres titulaires présents.

Et, pour les trois sessions des classes, le comité de chacune d'elles se divisera en trois commissions ou bureaux qui seront composés ainsi :

    Un président;
    Un vice-président;
    Un secrétaire rapporteur;
    Trois commissaires nommés séance tenante.

Tous les fonctionnaires ont les mêmes attributs dans leurs bureaux respectifs.

Toutes les fonctions sont gratuites.

Tous les sociétaires doivent, à une époque déterminée, prendre part aux élections. C'est un des cas seuls où le concours des membres ne soit pas facultatif. Ceux qui seront dans l'impossibilité de se rendre aux lieux de réunion, devront y envoyer, inclus dans une lettre motivant leur absence, un bulletin cacheté portant le nom de leur candidat. Ce bulletin ne pourra être décacheté qu'en présence du bureau et au dépouillement du scrutin. A égalité de voix, le plus âgé l'emportera.

Pour les autres secrétaires de résidence existent les mêmes prérogatives et les mêmes obligations, seulement ce sont les présidents qui présentent la candidature.

Ce sont les seuls membres qui soient rémunérés de leurs fonctions. Cette rémunération sera fixée par l'assemblée qui règle les dépenses pour l'année courante.

C'est à la diligence de trésoriers, ou par les soins du Directeur régent, que tous les recouvrements de cotisation, des legs ou donations doivent être opérés, et, à cet effet, ils tiennent un registre spécial, ainsi qu'un registre de recettes et de dépenses, et tous les trois mois, avec le référendaire, ils doivent présenter un état constatant la position.

Le Directeur Régent, ou chaque président de résidence, peut autoriser le prêt des livres ou manuscrits composant la bibliothèque, mais seulement après en avoir exigé reçu sur un registre spécial. Eux-mêmes s'astreindront, pour plus de régularité, à cette formalité.

Aucun livre ou manuscrit ne pourra rester plus de quinze jours à la disposition d'un membre. Ce laps de temps écoulé, la demande du prêt devra être renouvelée, et il n'y sera fait droit qu'au cas où aucun autre sociétaire n'aura fait demande du même ouvrage.

Tous les sociétaires n'auront droit au journal qu'à partir de leur acceptation définitive. Cependant, par une clause spéciale, ils pourront se procurer, moyennant la somme de...., la collection parue avant leur entrée.

Le conseil seul peut en demander la réimpression, en cas de nécessité ou de bénéfices à venir pour la Société.

Un membre étranger, comme tout sociétaire, peut obtenir du secrétariat un nombre quelconque d'exemplaires rendant compte de tel ou tel travail. Le dépôt de la somme proportionnelle au nombre demandé devra préalablement avoir été déposé.

Les auteurs de notes ou manuscrits pris en considération par l'Académie pourront en obtenir la reproduction entière dans une feuille portant : *Extrait de* l'INTER-NATIONAL, *journal de l'Académie*, etc. Ces extraits, tirés au nombre d'exemplaires demandés par l'auteur, seront envoyés aux personnes désignées par lui. Il pourra aussi profiter de l'article ci-dessus, c'est-à-dire demander pour lui un certain nombre d'exemplaires.

Mais préalablement le montant de tous ces frais, plus un droit proportionnel, seront déposés entre les mains du trésorier.

Le Directeur général, en outre, retiendra un exemplaire pour chaque résidence et chaque comité correspondant, plus cent exemplaires pour être distribués selon les circonstances.

Les manuscrits qui sont destinés à la publication ne peuvent être communiqués qu'à leurs auteurs, qui ne peuvent plus les retirer lorsqu'ils sont en cours d'impression.

Tous échantillons , modèles , manuscrits déposés à la Société sont considérés, par ce seul fait, comme dons à l'Académie, à moins d'une disposition contraire déposée en même temps.

Tous ces échantillons, modèles, etc., ainsi que toutes les demandes d'examen de travaux, doivent être envoyés francs de port au secrétaire général; des mémoires descriptifs, accompagnés, s'il est nécessaire, de dessins, devront lui être adressés en même temps.

Ces mémoires seront immédiatement renvoyés à la classe se rapprochant le plus de la partie à laquelle appartient l'objet déposé; laquelle classe, dans son rapport, si elle le juge convenable, fera connaître ses désirs dans ses conclusions.

Toute personne étrangère à l'Académie doit faire le dépôt en même temps de la somme de vingt francs pour l'impression des rapports dans le journal, si le Fondateur régent et le secrétaire général jugent cette impression utile aux membres de l'Académie.

# TITRE VI.

## CHAPITRE VIII.

### DIFFÉRENDS, CONFLITS DANS LES ATTRIBUTIONS, DÉMISSIONS, EXCLUSIONS, RADIATIONS EN CAS DE DISSOLUTION. — PÉNALITÉS.

ARTICLE PREMIER. — Tous les différends entre les comités correspondants et leur chef-lieu académique, tous ceux entre résidence et résidence ne peuvent être jugés qu'en assemblée générale par l'Académie Régente, à Paris.

ART. 2. — Tous les conflits dans les attributions seront toujours jugés par les résidences dans le ressort desquelles ces conflits se seraient élevés. Mais les parties pourraient toujours en rappeler à l'Académie centrale qui, faisant l'office de cour de cassation, remettrait la cause à juger à une autre résidence.

En cas de jugements différents par les deux chefs-lieux, l'Académie centrale ferait office de cour suprême, et remettrait les pièces de la cause aux référendaires consulaires.

ART. 3. — Tout membre qui manquerait à une convocation en règle, sans avoir averti le président des motifs de son empêchement, ou trop tard pour que ce fonctionnaire pût pourvoir à cette absence, sera considéré *ipso facto* comme démissionnaire.

ART. 4. — Toute démission ne peut être acceptée qu'au moment de l'assemblée du conseil des recettes et dépenses, et la cotisation serait obligatoire pour l'année suivante, si le démissionnaire ne prévenait au moins quinze jours avant la réunion du Co nseil ; reçude son acte de démission lui sera remis immédiatement, son envoi devant éviter toute contestation.

Art. 5. — Le Président siégeant, après deux observations officieuses, peut rappeler tel membre que ce soit à l'ordre.

Le procès-verbal de la séance mentionnera alors cedit rappel et les motifs qui y auront donné lieu.

Si ce rappel à l'ordre était adressé à un membre ayant la parole, elle lui serait immédiatement retirée en cas de récidive.

Si les motifs devenaient assez graves, le Président pourrait, sur les conclusions d'un référendaire consulaire, mettre aux voix l'exclusion temporaire du ou des contrevenants.

L'exclusion momentanée pourrait encore être prononcée pour ceux qui, malgré le rappel à l'ordre, se laisseraient emporter à des injures ou à des menaces, et enfin contre ceux qui se livreraient à des discussions interdites ; sont aussi passibles de rappels à l'ordre, tous membres désignés pour faire partie de commissions, bureaux, etc., qui après avoir accepté, n'auraient pas rempli leur mandat. Seulement ces rappels à l'ordre seraient soumis à la délibération de l'Assemblée, et, dans tous les cas, ne pourraient être prononcés qu'après que le contrevenant aurait été entendu. En tous cas, le Président lui nommerait un remplaçant d'office.

Dans ces derniers cas, l'Assemblée prochaine serait appelée à statuer en dernier ressort.

Art. 6. — L'exclusion d'un membre peut être demandée, soit pour contravention aux Statuts, pour manque de payement de la cotisation, etc.; mais cette exclusion né peut jamais être mise aux voix qu'un mois après sa présentation.

Art. 7. — Quant au Secrétaire général, nommé par le Directeur

Régent ou sur la présentation de différents Présidents, sa radiation peut être provoquée par ledit Régent lui seul, sauf, par lui, à rendre compte de ses motifs en Assemblée générale.

Art. 8. — Ceux des membres convaincus d'avoir nui à l'Académie, soit par des faits, soit autrement, ou compromis ses intérêts et sa dignité par leur conduite, sont nécessairement exclus sur simple réquisition, ainsi que les faillis non réhabilités et tous ceux qui seraient sous le coup d'un jugement infamant.

Le présent titre est placé principalement sous la sauvegarde des trois référendaires consulaires, qui eux-mêmes pourront se nommer un Président faisant office de rapporteur, qui requerra l'Assemblée d'avoir à se prononcer.

Art. 9. — Toute discussion politique ou religieuse sera rigoureusement interdite.

---

Autant que possible, les grands dignitaires et administrateurs devront faire connaître leurs heures de réception pour les communications officieuses ou les conseils qu'on voudrait leur demander.

---

Un bureau organisé par les membres présents à une réunion, remplacerait ceux qui seraient absents, mais ce bureau ne serait que provisoire et les membres titulaires des bureaux auraient toujours la préséance.

IMP. BÉNARD. — POITEVIN, SÉRINGE ET Cie, SUCC,
PLACE ET PASSAGE DU CAIRE, 2.

## INSIGNES DES GRANDS MAITRES DE L'ORDRE

## GRANDE MÉDAILLE D'HONNEUR

S'adresser au Secrétariat général de l'Académie, *rue de la Verrerie, n° 79, à Paris,*
Les Mardi et Jeudi, de 2 heures à 5 heures du soir.

# L'INTER-NATIONAL

## MONITEUR OFFICIEL

DE

# L'ACADÉMIE INTER-NATIONALE DES SCIENCES

## JOURNAL HEBDOMADAIRE

**ADMINISTRATION** : rue de la Verrerie, 79

AU SECRÉTARIAT DE L'ACADÉMIE

LES MARDI ET JEUDI, DE 2 A 5 HEURES

www.ingramcontent.com/pod-product-compliance
Lightning Source LLC
Chambersburg PA
CBHW061703050726

47598CB00004B/1648